你的问题都有答案

北京日报出版社

图书在版编目（CIP）数据

你的问题都有答案 / 风丽编著. -- 北京：北京日报出版社, 2024.12. -- ISBN 978-7-5477-5121-3

Ⅰ.B821-49

中国国家版本馆 CIP 数据核字第 2024N8F947 号

你的问题都有答案

出版发行：	北京日报出版社
地　　址：	北京市东城区东单三条8-16号东方广场东配楼四层
邮　　编：	100005
电　　话：	发行部：（010）65255876
	总编室：（010）65252135
印　　刷：	德富泰（唐山）印务有限公司
经　　销：	各地新华书店
版　　次：	2024年12月第1版
	2024年12月第1次印刷
开　　本：	880毫米×1230毫米　1/64
印　　张：	6
字　　数：	86千字
定　　价：	59.00元

版权所有，侵权必究，未经许可，不得转载

前言

"你正在焦虑的事,结果会是怎样的?"在生活的喧嚣与纷扰中,我们总是被各种各样的问题困扰,焦虑如影随形。面对未知的前路,我们渴望得到指引,哪怕只是一丝慰藉。

《你的问题都有答案》正是这样一本治愈心灵的神奇解惑书。在生活的漫漫旅途中,我们不可避免地会遇到各种迷茫。或许是因为事业陷入瓶颈,努力得不到回报,未来的方向变得模糊不清;或许是因为在情感世界里迷失,面对复杂的人际关系,不知道如何去爱与被爱,在孤独与失望中徘徊;又或许是因为自我认知出现偏差,找不到自己存在的意义和价值,如同置身于茫茫黑暗之中,内心充满了无助。当你在生活中感到迷茫时,请翻开这本书,你将获得心灵的指引和慰藉。它如同一位智者,默默地陪伴在你身旁,用温和而坚定的力量为你指点迷津,让你看到内心深处真正的渴望和前行的方向。

《你的问题都有答案》有独特而迷人的用法。只需在心中默默念出一个问题,这个问题可以是关于生活琐碎的,"我今天出门该带伞吗?"也可以是涉及人生重大抉择的,"我应该选择创业还是安稳工作?"在问题于心中成形之后,迅速而随机地翻开一页,那一页上的文字,便是属于你的答案。

希望每一位翻开《你的问题都有答案》的读者,都能以虔诚且开放的心态去体验这个有趣的过程,让这本充满神秘色彩的书成为生活中一个特殊的心灵伙伴,陪伴你走过充满疑问与焦虑的一段旅途。

是的。

可能会惹上麻烦。

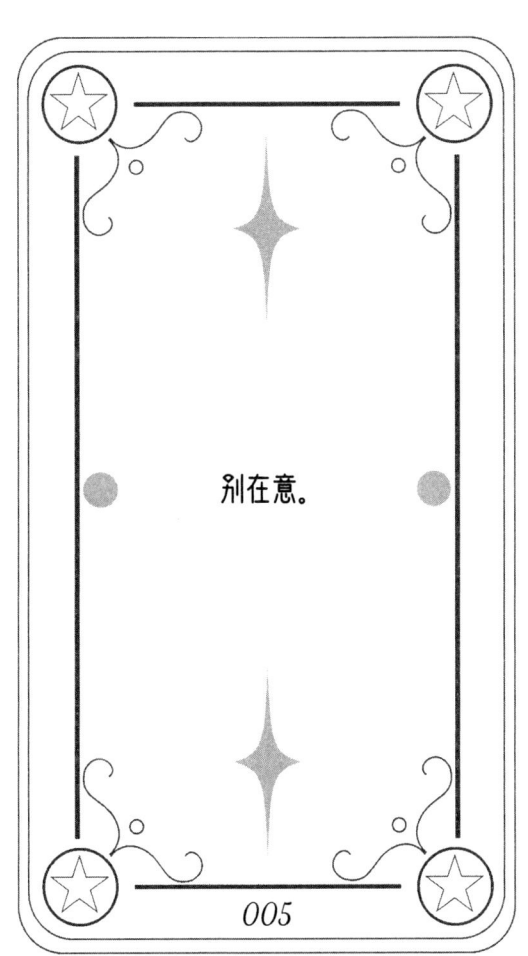

爱是包容和理解。

不识庐山真面目,
只缘身在此山中。

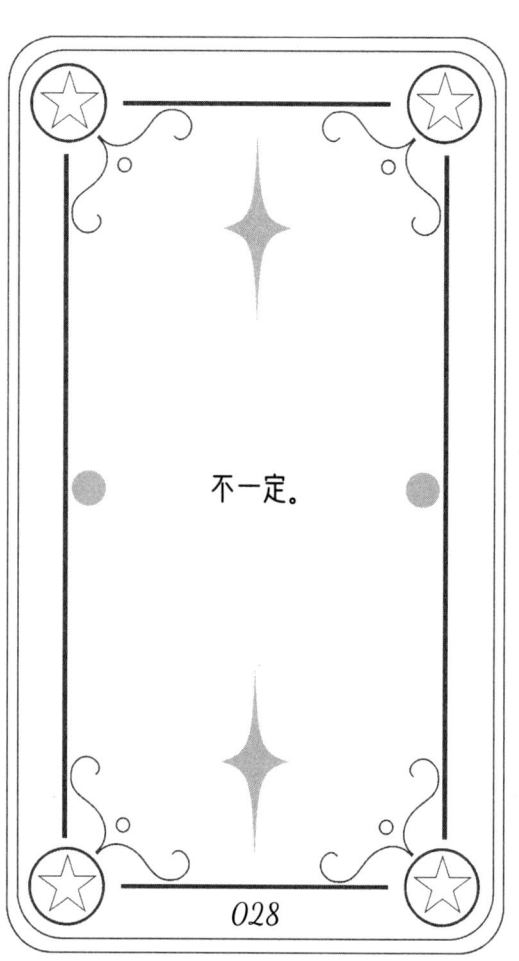

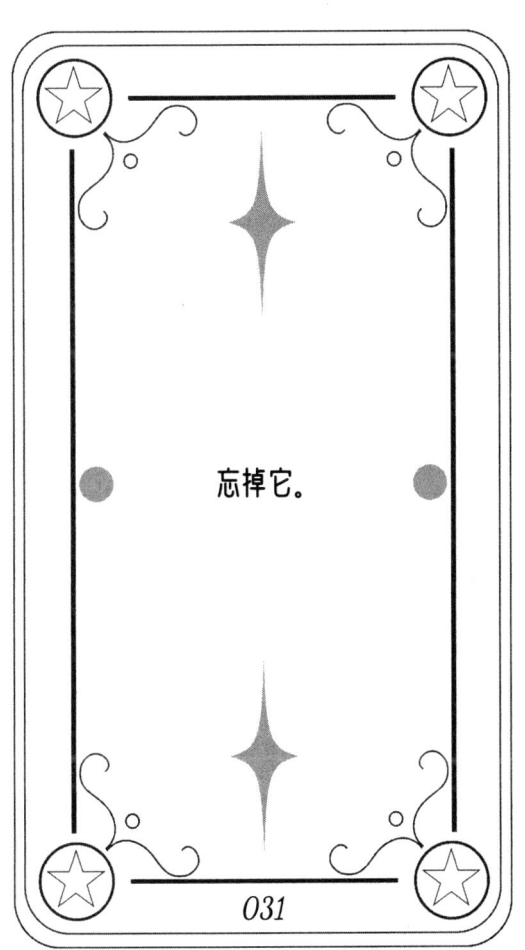

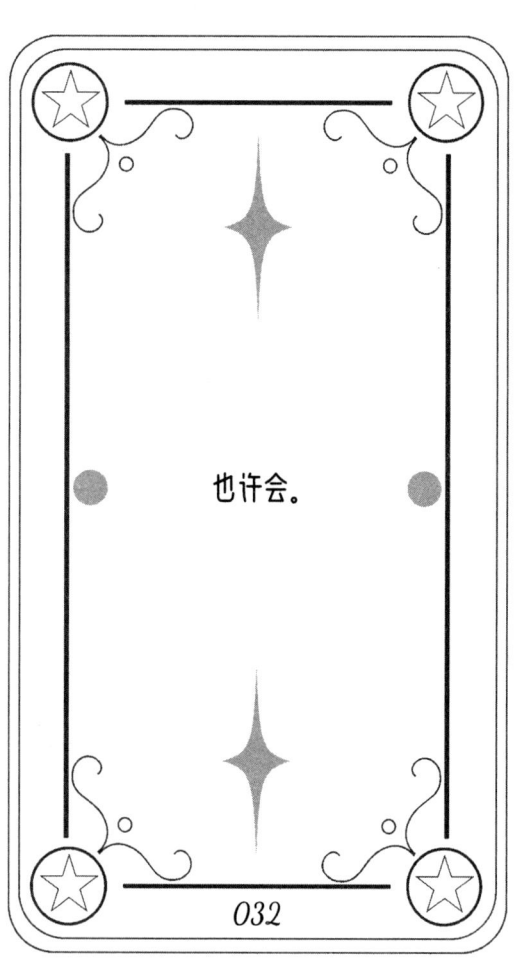

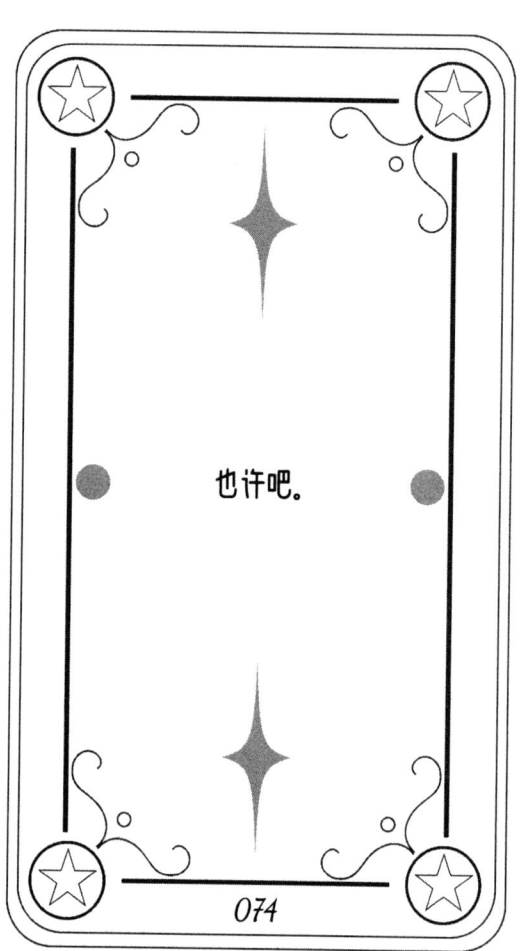

阳光总在风雨后。

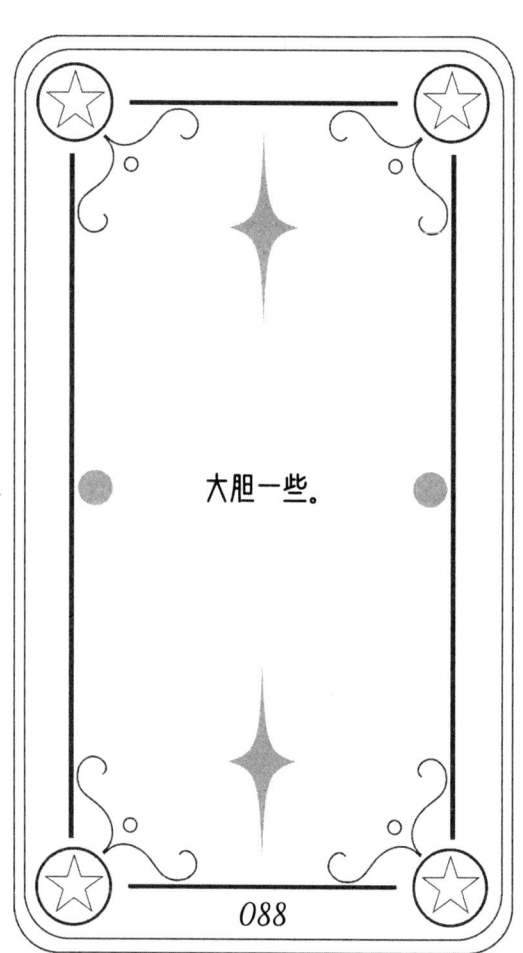

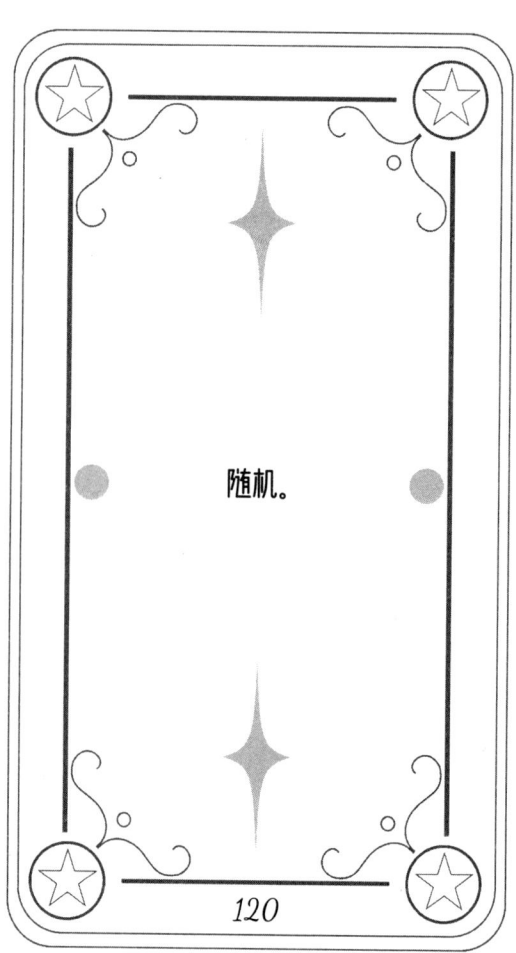

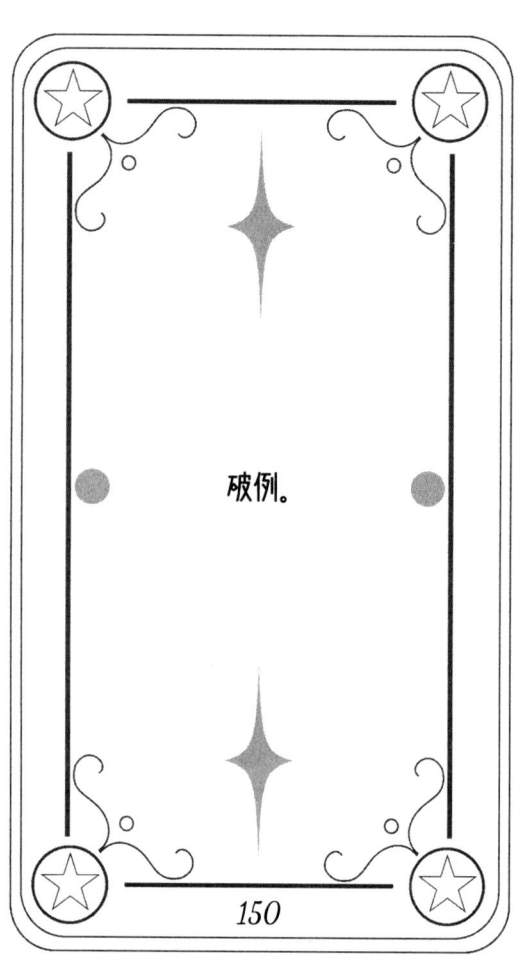

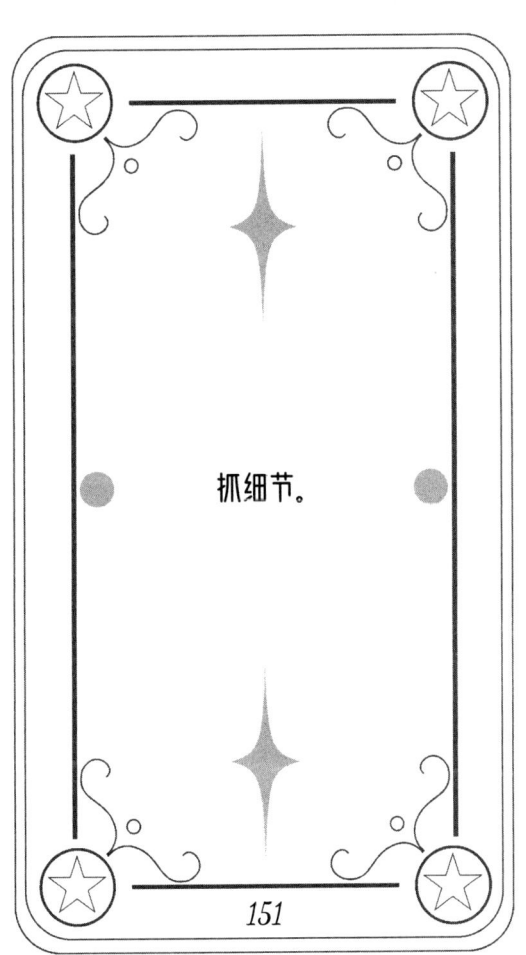

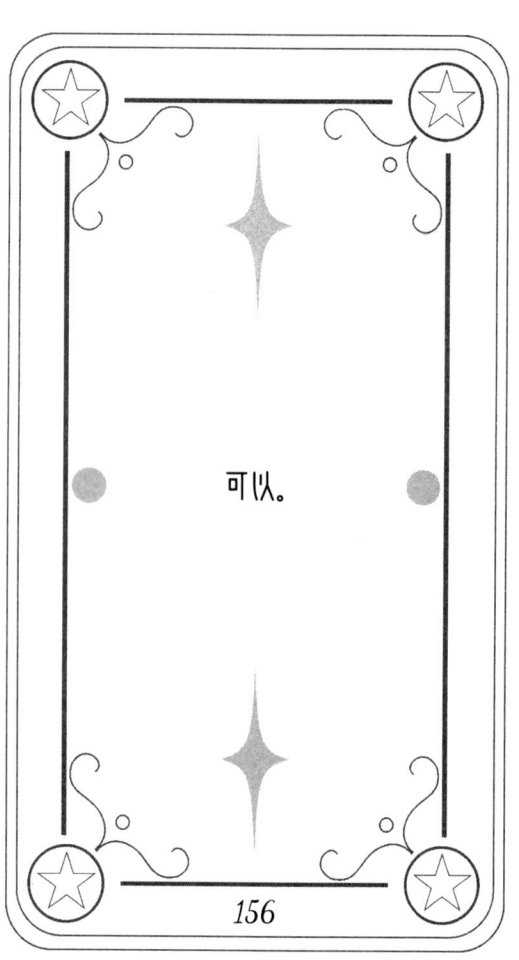

相当于愚公移山。

赞美自己五分钟。

酒香也怕巷子深。

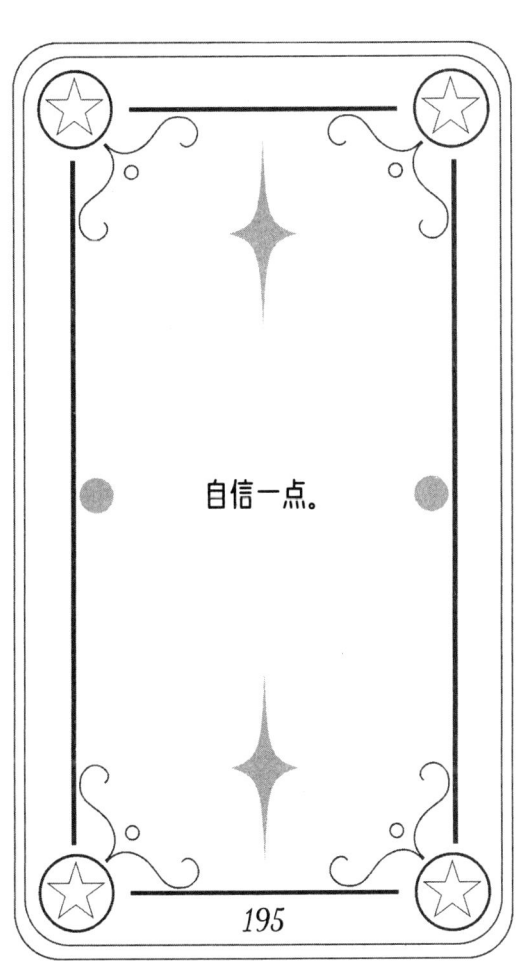

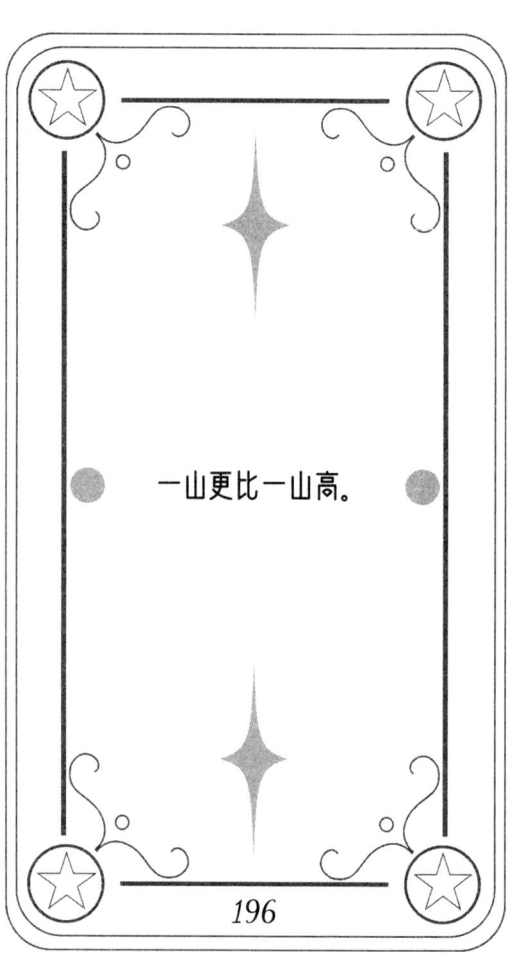

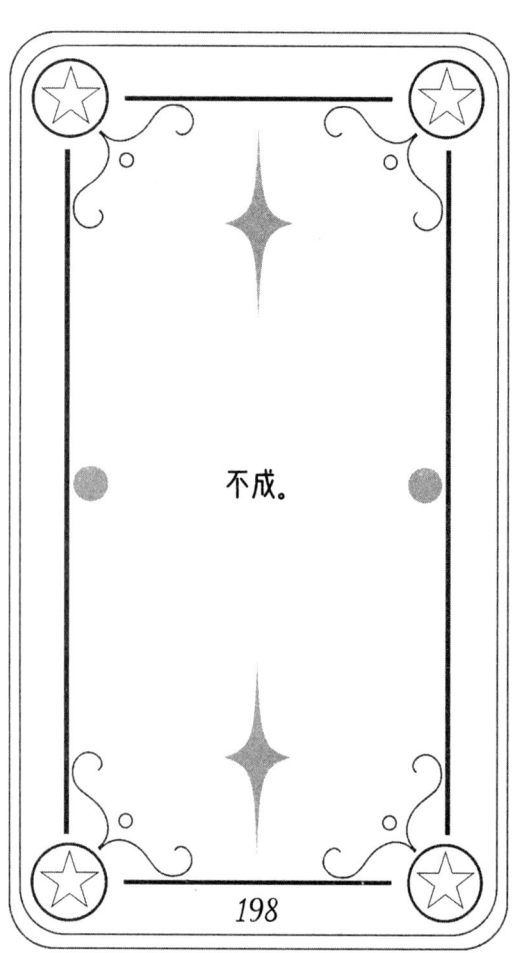

没有参考答案。

要知恩图报。

本页前第三个答案。

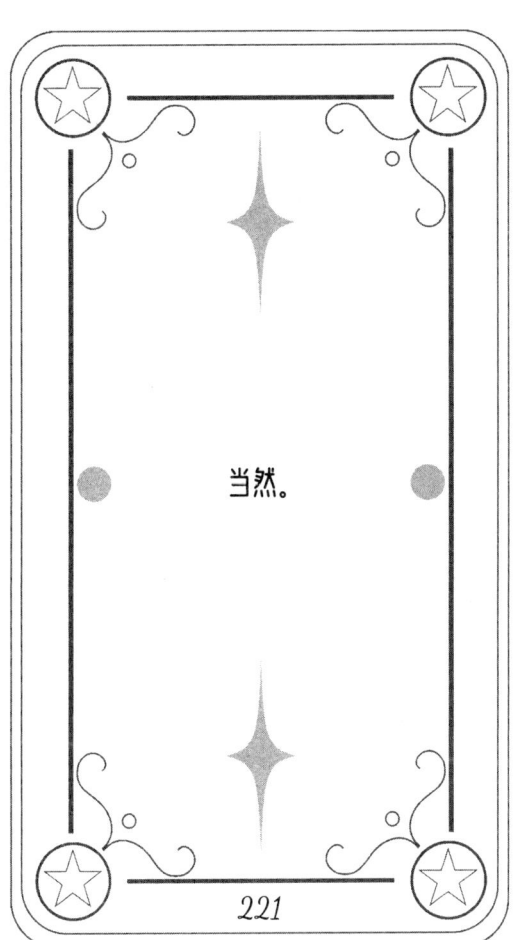

柳暗花明又一村。

过你想过的人生，而不是别人眼中成功的人生。

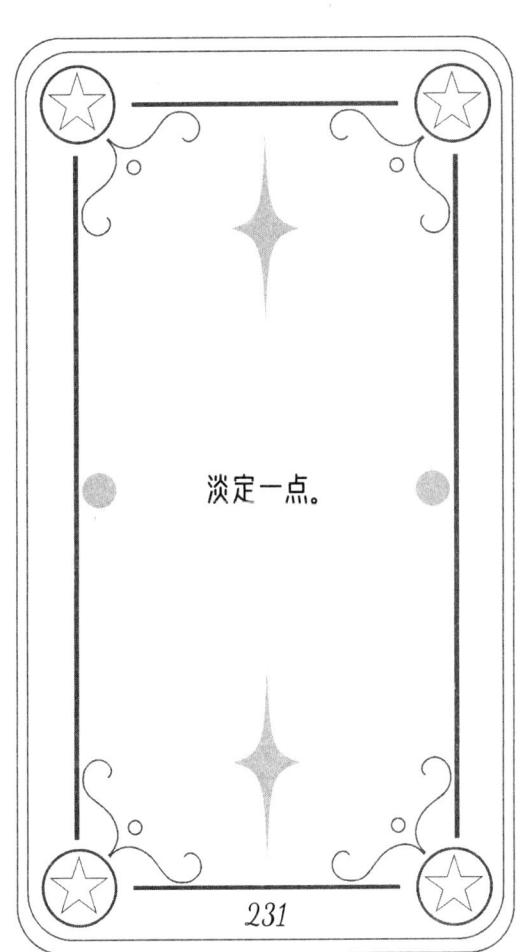

沉默是金。

本页后第五个答案。

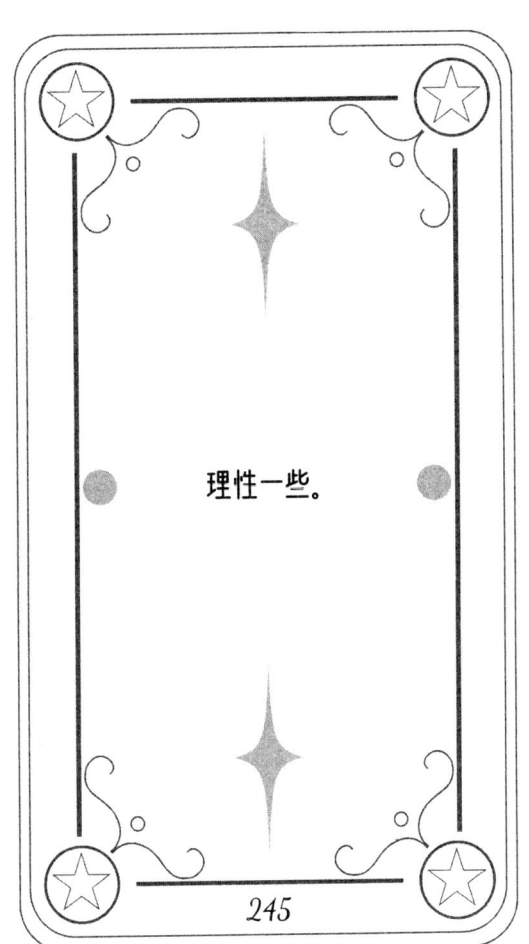

要自由，就要承担风险。

● 别要求自己面面俱到。

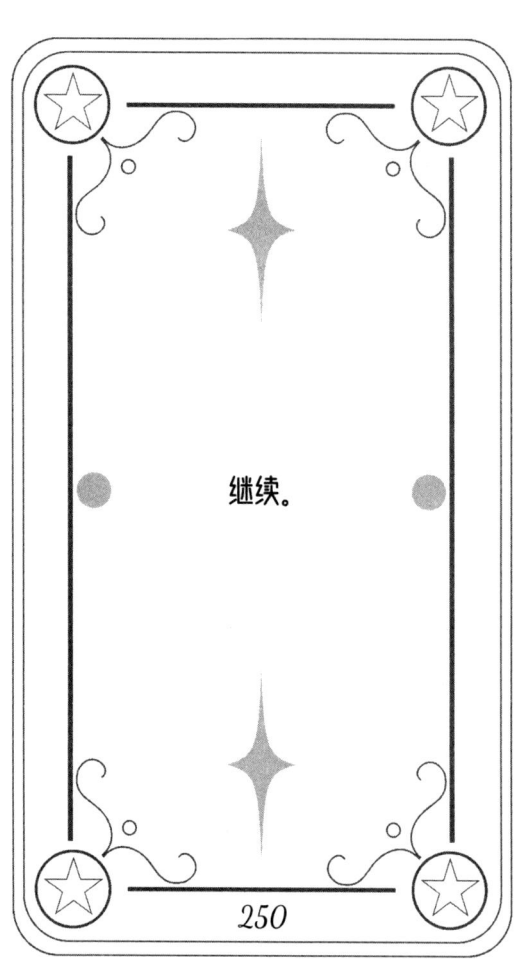

● 想想看,还有哪些选择。

放弃你的首选方案。

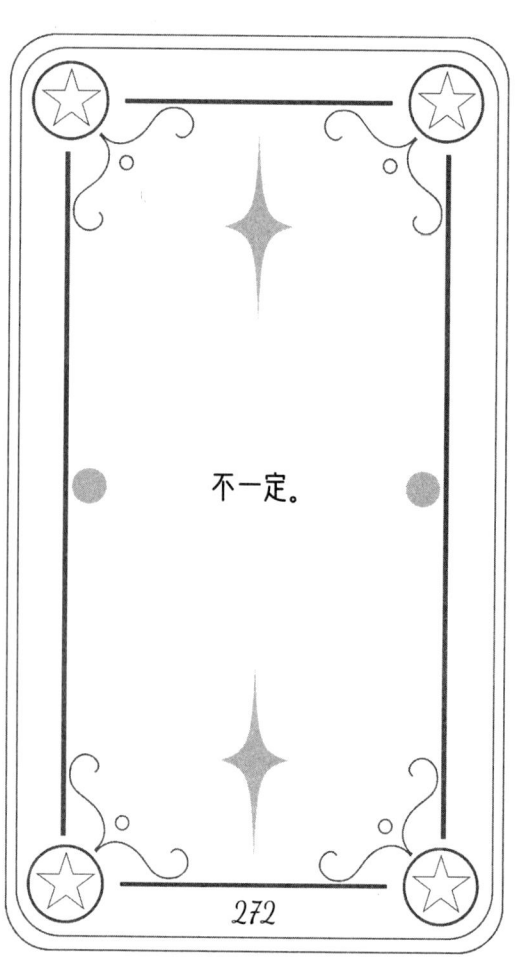

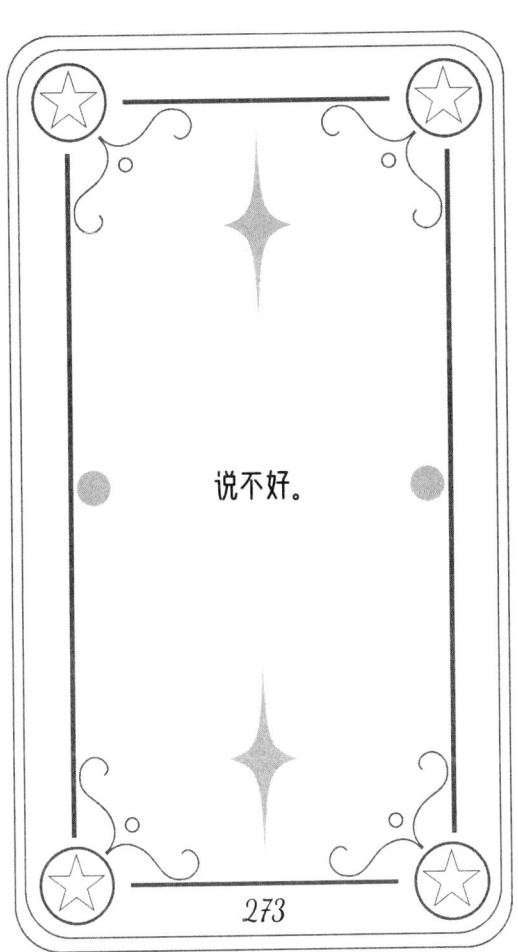

可能会很累。

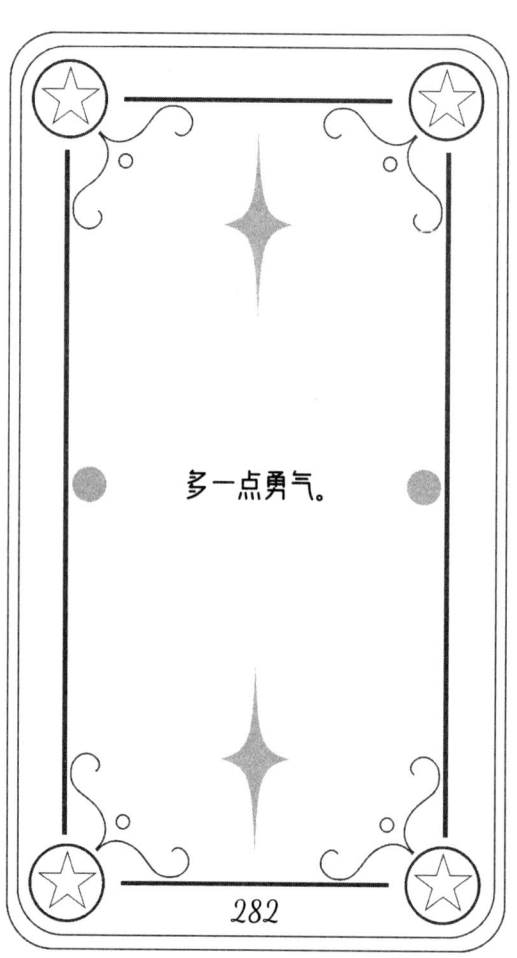

量力而行。

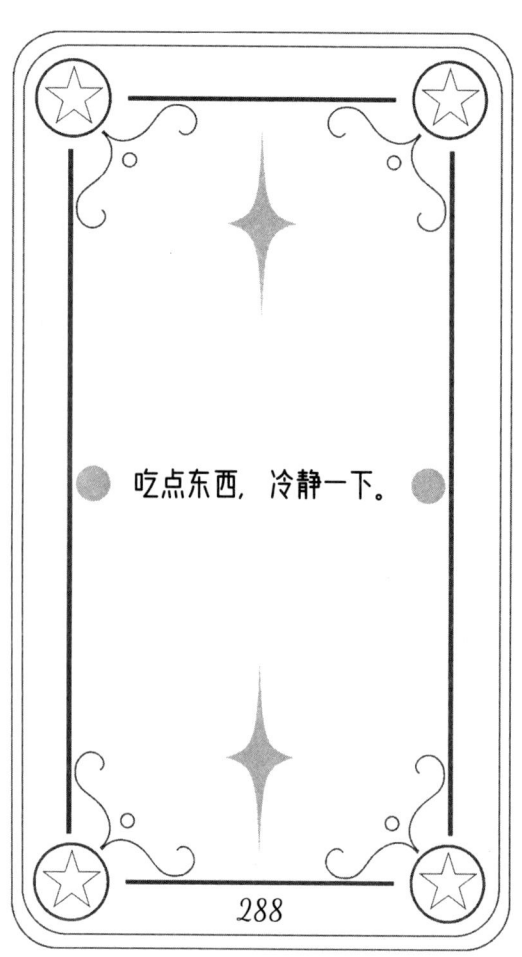

本页前第五个答案。

也许是慢热。

本页后第五个答案。

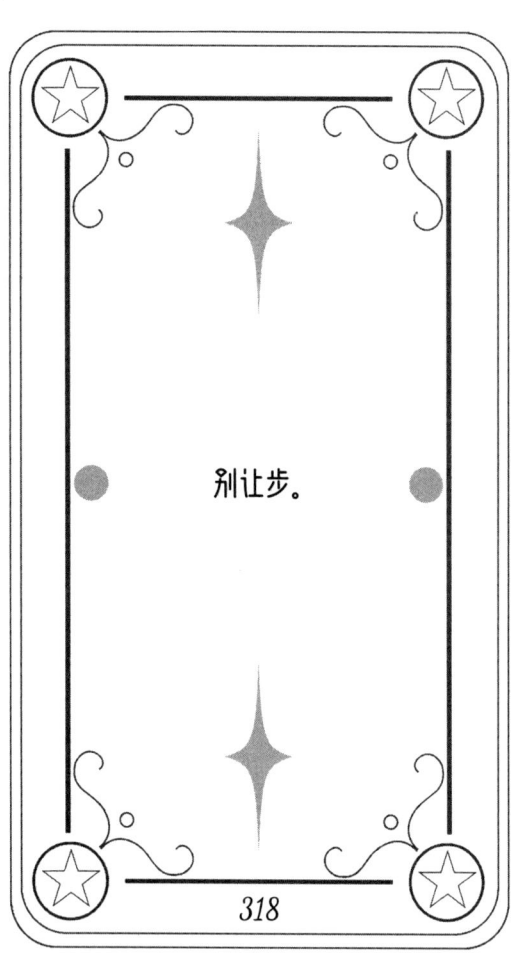

给自己一个肯定。

把握现在。

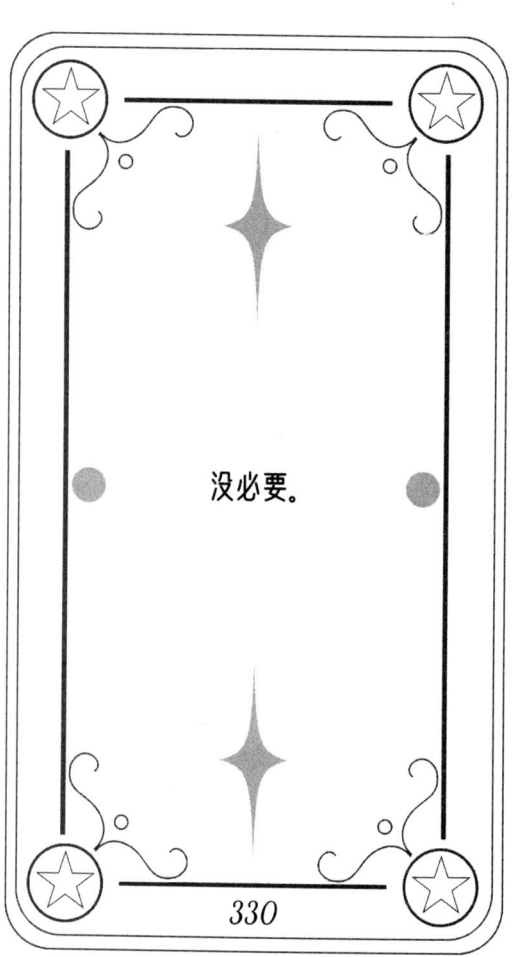

水满则溢，月满则亏。

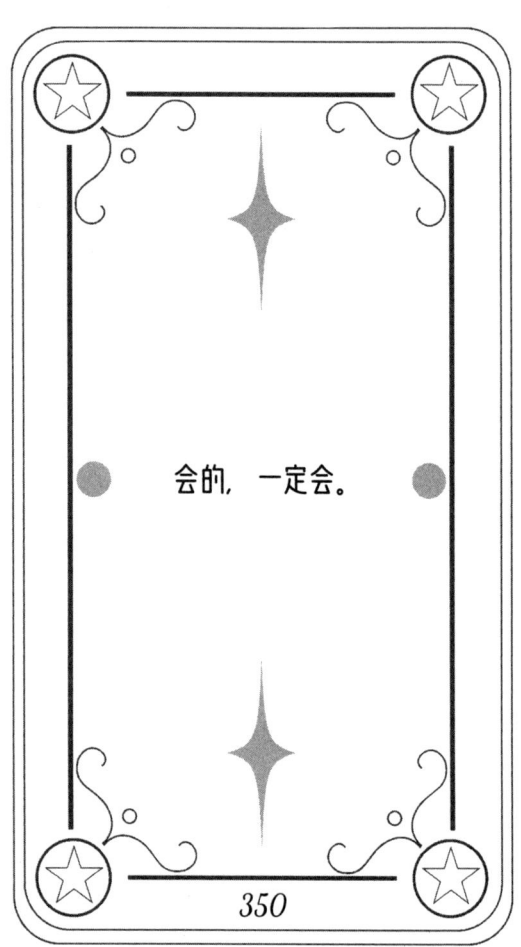

用行动证明的才靠谱。

选择保持不变。